A MONSIEUR LE MAIRE

ET AU

Conseil municipal de la ville de Beauvais,

A MESSIEURS LE PRÉSIDENT

ET LES

Membres du Conseil d'Administration du Collège.

MÉMOIRE

AYANT POUR OBJET D'HONORER LE SOUVENIR

en cette Ville

DU SAVANT BIOT

ANCIEN PROFESSEUR DE MATHÉMATIQUES A L'ECOLE CENTRALE
DE L'OISE, OU ONT EU LIEU, EN 1792, SES DÉBUTS
DANS L'ENSEIGNEMENT.

PRÉAMBULE.

Devant quitter cette ville, après les sept ou huit années
du séjour que j'y ai fait, goûtant les douceurs d'une tranquille
retraite, auprès de mon fils, le dernier président de votre
tribunal, et de mes petits-enfants, je voudrais,

Messieurs,

Vous offrir un témoignage de ma gratitude pour le bon
accueil qu'on m'a fait à Beauvais. C'est une dette que je
souhaite d'acquitter dignement devant vous.

L'hommage que je viens vous offrir, c'est l'idée et la
proposition de mettre au grand jour dans votre ville la
gloire d'un savant qui fut l'un des vôtres, dont les premières
leçons, sur toutes les parties de la science mathématique,

ont éclairé la jeunesse de Beauvais du commencement de ce
siècle, et dont le nom mérite d'être signalé dans vos inscriptions académiques et monumentales.

Ce savant illustre est *M. Biot*, astronome, mathémati-
cien, physicien et chimiste, dont j'ai eu le bonheur de suivre
les leçons, au Collège de France et à la Sorbonne, il y a
quelques vingtaines d'années. Les marques d'intérêt et les
encouragements que j'en ai reçus me font chérir sa mémoire,
et je serais heureux d'avoir pu, sur la fin de ma longue
carrière, obtenir de vous les honneurs qu'elle mérite bien
de votre part.

En effet, Biot, ce savant académicien vous appartient, par
ses débuts à l'Ecole Centrale de l'Oise, par l'habitation
qu'il a eue à Beauvais, les liens de famille qu'il y a con-
tractés, ses enfants, ses petits-enfants, nés en cette ville, qui
lui survivent; enfin, ses rapports avec la société jusqu'à la
fin de ses jours. Ce sont là, je crois, avec le haut rang qu'il
a obtenu dans nos illustrations de la science, des titres pour
que son nom soit ici consacré aux yeux des habitants et
signalé à l'émulation de la jeunesse studieuse.

I. — Relations qu'a eues Biot avec la ville et la
société de Beauvais.

Je viens d'indiquer que, suivant moi, Biot a le *droit de
Cité* dans Beauvais. Veuillez me permettre de justifier cette
opinion en traçant ici quelques lignes de sa biographie.

Biot est né à Paris le 21 août 1774. Son père était employé
à la Trésorerie. A l'âge de 18 ans il s'est engagé au service
de la patrie. Un an après, les fatigues qu'il avait essuyées
à la guerre lui ont fait obtenir son congé.

Bientôt, il fut admis à l'Ecole des Ponts-et-Chaussées par
le savant Péronnet, son directeur. De cette école il a passé
à l'Ecole Polytechnique. Monge et Laplace, ayant découvert
en lui de rares dispositions pour les mathématiques, se sont
promis de le soutenir dans la carrière de l'Enseignement,
par leurs encouragements et leurs conseils.

Le 13 mars 1797, à l'âge de 23 ans, il était nommé professeur à l'*Ecole Centrale* de l'Oise; il retrouvait ici l'un de ses

meilleurs amis de l'Ecole Polytechnique, le jeune *Brisson*, dont la mère était fille de M. Lecaron de Troussure, magistrat éminent, qui a été longtemps le président du tribunal. Il occupait, *rue du Prévôt*, la maison récemment devenue vacante par le changement de résidence du dernier directeur des Postes.

Biot ne tarda pas à se faire apprécier et rechercher dans la société ; quatre mois seulement après son arrivée à Beauvais, il épousait, à l'âge de 23 ans, Mlle Françoise-Gabrielle Brisson, la sœur de son ancien camarade, qui avait à peine 16 ans (10 messidor, an IV, 28 juin 1797).

Le jeune ménage s'établit rue du Metz, n° 7, tout auprès de la maison Lecaron de Troussure et Brisson.

Dans sa chaire à l'Ecole Centrale, Biot enseignait l'*arithmétique*, la *géométrie*, l'*algèbre*, son *application à la géométrie* et les *éléments de l'astronomie*. Ses leçons furent fort appréciées par des auditeurs intelligens, suivies et honorées de l'approbation d'un des Cassini, membre de l'Institut, aussi grand astronome que ses aïeux ; comme vice-président du Conseil général de l'Oise, il fut chargé de l'organisation et de la surveillance des études de cette nouvelle école. Ce fut sans doute par les témoignages que Cassini a dû en rendre à Monge et Laplace, que le jeune Biot, tout en restant professeur à Beauvais, fut nommé *examinateur pour l'admission à l'Ecole Polytechnique*. Mais, en l'année 1800, étant chargé du cours de physique au Collège de France, il dut quitter Beauvais. Mme Biot y ayant sa famille, le jeune ménage y faisait de fréquents voyages et des séjours prolongés.

En l'année 1812, ils firent dans le voisinage l'acquisition du *château de l'Epine*, et l'ont gardé pendant trois ans.

En 1818, ils marièrent leur fille avec M. Millière, notaire à Beauvais, et, en 1820, ils louèrent le *château de Marigny*, où ils passèrent deux ans.

En l'année 1833, ils ont acheté le *château de Nointel*, dans l'Oise, et s'y fixèrent pour plusieurs années. M. Biot l'a habité jusqu'à l'année 1840, n'occupant à Paris son appartement du Collège de France que par nécessité, lorsque ses leçons l'y rappelaient.

A Marigny, à Nointel, à Beauvais, surtout chez les

parents de Mme Biot, ils ont conservé les relations les plus intimes avec la société de cette ville et recevaient beaucoup de monde.

Mme Biot était fort goûtée pour ses grâces naturelles et un esprit mûri par la plus haute instruction. Elle connaissait Homère et Virgile par les traductions et pouvait lire dans l'original Dante, Milton et Schiller. Elle avait appris l'allemand, pour permettre à M. Biot, suivant le désir de Berthollet, de donner une édition française de la *Physique mécanique* de Schiller; et sa collaboration est mentionnée sous une forme voilée dans la préface.

Beauvais avait pour Mme Biot cet attrait dominant, pour une femme d'une si haute portée d'esprit, d'y voir se développer, tant au moral qu'au physique, les enfants de Mme Millière, sa fille.

M. Biot arriva promptement aux postes les plus élevés dans la science, et par le cumul des appointements, il s'y fit une fortune. Mais les quatre années de son séjour stable à Beauvais ont laissé dans son cœur la plus douce impression. Etant arrivé au comble de la prospérité et des honneurs, il revenait avec joie, dans la conversation, au souvenir de ses premières années passées à Beauvais, de son mariage, de la naissance de ses enfants, et il s'écriait : « Que j'étais riche à Beauvais avec mes douze cents francs de traitement ! »

M. Biot a laissé une postérité qui lui fait encore le plus grand honneur : M. l'abbé Millière, vicaire général, est son petit-fils, et M. Lefort, inspecteur général en retraite, son petit gendre.

Par ce fidèle tableau de tous les rapports de séjour et de fonctions publiques, d'établissement par mariage et d'une famille qui lui survit si honorablement, n'est-il pas établi que le savant Biot a *droit de cité* en cette ville, et qu'en conséquence elle a tout droit à vouloir que quelques rayons de sa gloire rejaillissent sur elle par des inscriptions qui frappent les regards des habitants et même des étrangers, selon la double proposition que j'aurai l'honneur de vous faire par les conclusions de ce Mémoire.

II. — Prompt appel de Biot a l'Enseignement des Sciences, aux plus hautes Chaires et a tous les honneurs académiques.

A l'époque où furent créées les Ecoles Centrales dans tous nos chefs-lieux de département, le jeune Biot, qui s'était fait remarquer par Monge à l'Ecole Polytechnique pour sa précoce intelligence et sa facile élocution, fut donc nommé, si jeune qu'il fût, professeur et appelé, dès la troisième année de son enseignement, à la fonction d'examinateur pour l'admission à l'Ecole Polytechnique (le 29 septembre 1799), sans qu'il eût à quitter Beauvais.

Depuis l'année 1797, il s'était affilié à la *Société Philomathique* et y avait donné des mémoires d'*Analyse pure* et autres, dont il sera parlé plus tard.

Ces premiers travaux avaient fixé l'attention des savants à tel point qu'il y fut *associé* à la *Section de géométrie*, et bientôt après nommé professeur de *physique mathématique au Collège de France*. Cette double marque d'estime accordée à un jeune homme de 25 ans devait décider de son avenir.

Le voilà donc revenu à Paris, ce foyer intellectuel qu'illustrait la présence de Lagrange, Laplace, Monge, Berthollet, Cuvier, Erard, Delille, Fontanes ; et Biot s'y livre à l'étude des sciences et des lettres, avec toute l'ardeur de son caractère et la pénétration de son esprit.

En 1804, appelé comme auxiliaire à l'Observatoire, il devient bientôt membre du *Bureau des Longitudes*, bureau chargé de la connaissance des temps, des études météorologiques, d'un *Annuaire* contenant des renseignements scientifiques d'un grand intérêt.

En 1809, Biot est encore nommé professeur d'*astronomie physique* à la *Faculté des Sciences*, et son cours intéressait grand nombre d'auditeurs. J'en puis bien témoigner, étant de ceux qui l'ont suivi, comme élève de l'Ecole normale dans cette Faculté ; plusieurs de mes camarades d'alors ont laissé des noms et des souvenirs, tels que *Delafosse*, le successeur d'Haüy, au Jardin des Plantes ; *Fresnel*, le frère de l'ingénieur célèbre des phares ; *Léry*, le professeur de mathématiques spécia'es du Lycée Charlemagne, qui a fait entrer à l'Ecole Polytechnique un grand nombre d'élèves ; *Bulos*, le frère du fondateur de la *Revue des Deux-Mondes*, auteur d'un grand nombre de manuels pour toutes les sortes d'industrie ; *Maas*, le fondateur de l'*Union*, cette grande Compagnie d'assurances. Nous suivions, à la Sorbonne, les cours de physique et de chimie de Gay-Lussac, Thénard et Biot.

Tout en consacrant sa vie aux recherches de la science, Biot y joignit des *études littéraires*. Ainsi, en l'année 1812, l'Académie Française avait proposé pour prix l'*Eloge de Montaigne*. Ce fut *Villemain* qui emporta le prix, mais Biot obtint une mention honorable.

Nous y reviendrons en parlant, plus tard, de son admission à l'*Académie des Inscriptions et Belles-Lettres* et à l'*Académie Française*.

En 1808, Arago et Biot firent ensemble leur voyage en Espagne, qui est célèbre, et sur lequel nous reviendrons aussi.

Il avait quitté ses fonctions d'examinateur pour l'admission à l'Ecole Polytechnique. Mais plus tard, il fut rappelé (en 1816) à titre de *membre du Conseil de perfectionnement*, où il siégeait avec Prony, Hanz, Poisson, et y acquit bientôt une légitime influence.

En 1817, le Bureau des Longitudes chargea Biot de *mesurer le pendule de l'arc du méridien*, qui embrassait la triangulation anglaise, depuis le sud de l'Angleterre jusqu'au nord de l'Ecosse, et qui devait être prolongé jusqu'aux îles Shetland.

Ce voyage fut pour lui l'objet d'études nouvelles et qui le charmaient. Il étudiait la langue, les mœurs, les institutions littéraires des contrées parcourues. Il eut la satisfaction de faire de belles expériences d'optique à l'amphithéâtre du *collège de la Trinité*, à *Cambridge*, que remplissait la gloire de Newton.

En Ecosse, le collège d'Aberdeen récompensa le professeur en lui donnant le titre de *citoyen libre* et de membre honoraire de la *Société des Sciences physiques et expérimentales*.

En 1821, il quitte encore l'Ecole Polytechnique, étant nommé examinateur pour la sortie des *Ecoles de Saint-Cyr et de La Flèche*.

La *croix d'honneur* ne fut donnée à Biot que sous la Restauration, parce qu'en l'année 1804, lorsque Bonaparte, premier consul, s'était fait déférer la couronne d'Empereur, Biot, alors examinateur pour l'Ecole Polytechnique, se souvenait d'avoir servi la République comme volontaire, et lui avait refusé sa voix ; l'autre, ne l'ayant pas oublié, avait plusieurs fois repoussé la sollicitation faite pour la croix, en faveur de Biot, répondant « qu'il était trop jeune ». C'était cependant un défaut qui s'effaçait tous les jours. Il devint plus tard membre de l'*Ordre de Saint-Michel* et *officier de la Légion-d'Honneur*.

En 1841, il fut élu membre de l'*Académie des Inscriptions et Belles-Lettres* et admis plus tard à l'*Académie Française*. Il survécut quatre ans à l'obtention de ce dernier honneur, ajourné trop longtemps, mais par son refus de faire aux académiciens les visites d'usage pour obtenir leur voix.

III. — Tableau, par ordre de dates, des Travaux et Publications scientifiques et littéraires de Biot.

Les hautes fonctions de l'Enseignement auxquelles Biot fut appelé dans un si jeune âge importeraient bien moins à l'honneur de son nom s'il n'avait produit et laissé un si grand nombre de *Traités* et de *Mémoires ;* mais on citerait difficilement un savant d'un génie aussi fécond que le sien.

Je donnerai ici la nomenclature de ses publications, dans l'ordre des dates :

1801. — *Analyse du traité de la mécanique céleste de Laplace.*

1802. — *Traité analytique des courbes et des surfaces du deuxième degré.*

1803. — *Essai sur l'histoire des sciences durant la Révolution.*

1805. — *Traité élémentaire d'astronomie physique.*

1808. — *Recherches sur les réactions ordinaires qui ont lieu près de l'horizon.*

1810. — *Deuxième édition du traité d'astronomie physique.*

Biot, ayant senti l'insuffisance de la première édition de ce dernier Traité, a employé les années 1810 et 1811 à la rendre complète, et le dernier ouvrage a fortement contribué à l'éducation des astronomes de notre temps. L'Anglais *Airy*, l'un des plus illustres, directeur de l'Observatoire de Greenwich, disait : « J'y ai appris l'astronomie et y ai pris le goût de la science astronomique. »

1811. — *Tables barométriques.*

1812. — *Recherches expérimentales et scientifiques sur les mouvements de la lumière autour de leur centre de gravité.*

La belle découverte de la *polarisation de la lumière par réflexion*, faite par Malus, en 1808, avait ouvert aux physiciens une carrière nouvelle et féconde. Qu'est-ce que la polarisation de la lumière ? Dans la théorie de son émission, les molécules lumineuses, réfléchies ou réfractées sur des surfaces polies, sont toutes tournées du même côté, comme si elles avaient des axes de rotation, ou des *pôles* autour desquels leurs mouvements s'accompliraient.

Biot et Arago entrèrent dans cette voie d'une nouvelle étude. Il fut réservé à Biot de scruter le phénomène et d'en décrire les lois.

1816. — *Traité de physique expérimentale et mathématique,* publié en quatre volumes.

Cette œuvre capitale de Biot offre la réunion des connaissances physiques et mathématiques qui distinguaient son enseignement.

1817. — *Précis de physique expérimentale,* en 2 vol. in-8°, qui a eu, du vivant de son auteur, jusqu'à trois éditions.

1821. — *Recueil d'observations géodésiques, astronomiques et physiques,* faites avec Arago.

1823. — *Recherches sur plusieurs points de l'astronomie égyptienne.*

1820. — *Notions élémentaires de statique.*

Les Mémoires de Biot, scientifiques et littéraires.

En outre de ses nombreux Traités, il a, durant sa longue carrière, écrit un grand nombre de Mémoires, dans les recueils de la *Société Philomatique,* de la *Connaissance des Temps,* de l'*Ecole Polytechnique,* de l'*Académie des Sciences* (au nombre de *onze*), et du *Journal des Savants* (au nombre de *cent treize*).

1858. — En cette année-là, les travaux littéraires de Biot ont été réunis sous le titre de *Mélanges scientifiques et littéraires,* en 3 vol. in-8°. On y trouve les écrits et éloges qui lui ont ouvert les portes de l'Académie Française.

Biot a tenu la plume d'une main ferme jusqu'à l'année 1860.

Il s'éteignit le 3 février 1862, âgé de 87 ans 9 mois et 13 jours.

IV. — Faits particuliers et Voyages de Biot, qui témoignent de son esprit d'initiative, de sa résolution et de sa persévérance pour accomplir ce qu'il entreprenait.

1° Anecdote bien connue concernant son Traité des Courbes.

A l'Ecole Polytechnique, le jeune Biot avait été l'un des élèves auxquels Laplace témoignait le plus d'affection; c'est ce qui le fit nommer en peu de temps professeur de mathématiques à Beauvais. Mais bientôt il fit une découverte d'un certain intérêt. Par une voie générale et indirecte, il avait résolu des problèmes de géométrie peu étudiés jusqu'alors, dans ce qu'il appela son *Traité des Courbes.*

Laplace venait de donner le premier volume de la *Mécanique Céleste,* que Biot avait dévoré avec ardeur. Mais les volumes suivants se faisant beaucoup attendre, Biot se rendit à Paris et sollicita de Laplace que les feuilles de ce livre lui fussent adressées à mesure qu'elles paraissaient. — Celui-ci accueillit sa demande avec une bienveillance extrême et le chargea même de la correction des épreuves. — De là des communications réciproques dans lesquelles Biot soumit à Laplace son *Traité des Courbes,* qui obtint de lui beaucoup d'éloges.

Le lendemain du jour où il avait lu à Laplace ce travail, il fut appelé par Monge à une séance de l'Institut pour y développer ses nouvelles idées, et il traça à la craie sur le tableau noir les *figures* et les *formules* qu'il avait à expliquer.

Le général Bonaparte, récemment revenu d'Egypte, membre de l'Institut, dans la section de mécanique, fut appelé au tableau par Monge, pour lui faire les honneurs d'un travail *issu de sa chère Ecole Polytechnique*. — Le général y jeta un coup d'œil et dit : « Je reconnais bien cela aux signes. » Mais, sans contredit, il n'y comprenait rien. Biot, ayant exposé la nature, le but, le résultat de ses recherches, obtint les suffrages les plus éclairés sur l'originalité de ses recherches nouvelles et leur importance.

Au sortir de cette séance, Lagrange, l'emmenant chez lui, ouvrit une armoire et en tira un cahier dans lequel les problèmes posés, mais non résolus par Euler, l'avaient été par lui-même, quelques années auparavant. Mais, avec l'abnégation la plus généreuse, il laissait à son élève les honneurs de la séance. C'est Biot seul qui, un demi siècle après, fit à l'Académie des Sciences la révélation de cet acte d'intime bonté pour lui de son illustre maître, qui avait à l'Institut gardé le silence sur la priorité de sa découverte.

2° Ascension aérostatique de Gay-Lussac et Biot.

En l'année 1804, l'ascension aérostatique faite par Gay-Lussac et Biot, dans la cour du collège Duplessis, attira l'attention publique. Ils s'élevèrent à plus de 7,000 mètres, la plus grande hauteur atteinte jusqu'à nos jours. Cette expérience fut l'objet d'un rapport lu à l'Institut, le 21 août 1804, par Biot, expliquant ses heureux résultats pour la science physique.

3° Voyage dans l'Orne, au sujet d'un météore de l'Aigle.

Vers la même époque, un météore fort remarquable ayant eu lieu dans cette localité, Biot eut la mission d'aller y faire une enquête. Il y constata le fait d'aréolites, de globes enflammés qui, tombés sur le sol, depuis plusieurs jours, y brulaient encore.

4° Voyage en Espagne pour la prolongation de la Méridienne.

La détermination de la Méridienne est extrêmement utile dans l'astronomie, dans la gnomonique (art de dresser les cadrans solaires) et dans la géographie. Le mètre est égal à la dixmillionième partie du quart du méridien terrestre et de l'arc compris entre le pôle arctique (Nord) et l'équateur.

En 1806, Biot s'était fait connaître du Bureau des Longitudes par son *Traité élémentaire d'astronomie*. Il fut chargé, avec Arago, de poursuivre l'opération du prolongement de la Méridienne, pour avoir la mesure exacte du globe; opération commencée par Delambre et Méchain, et interrompue par la mort de ce dernier astronome. Biot et Arago passèrent deux hivers en Espagne. Arago, pris en mer par un pirate, fut conduit en captivité à Alger. Biot a rendu compte de leurs travaux dans le bulletin de la *Société Philomatique*, en 1808, et dans le *Mercure de France*, en 1810.

5° Voyage à Bordeaux et à Dunkerque.

En 1808, Biot fut encore chargé par le Bureau des Longitudes de déterminer avec Mathieu *la longueur du pendule à secondes*, à Bordeaux, et de compléter avec cet astronome *les opérations de la Méridienne*, à Dunkerque. C'est ce que fit Biot sur l'immense plage de sable qui s'étend aux abords de cette ville. Il donna, au retour, son célèbre exposé sur le *mirage*, phénomène d'optique produit par la réflexion inégale du soleil, où l'on voit l'image renversée des villages, des arbres, tous les objets saillants semblant être au milieu d'un lac immense; phénomène observé par l'armée française, en Egypte.

Il appartenait à la science de déterminer la *longueur du pendule à secondes* en chaque lieu pour y avoir le même nombre d'oscillations qu'ailleurs; sa longueur doit varier selon la distance où l'on se trouve du pôle ou de l'équateur. C'est pourquoi l'expérience en fut faite à Bordeaux. — A Paris, la longueur du pendule à secondes a été fixée à 0ᵐ 9,938,467.

6° Etudes de Biot sur les sons musicaux, pour son Traité de Physique.

De 1812 à 1813, lorsque Biot habitait le château de l'Epine, il se préoccupa de la *théorie des sons* pour ses leçons de physique. D'autres savants s'en étaient occupés dans les XVII⁰ et XVIII⁰ siècles : Bernouilly, Euler, d'Alembert, d'abord ; puis Lagrange, de Prony, Poisson. Mais Biot trouvait leurs idées encore incomplètes.

Il avait à Beauvais un ami, son ancien élève à l'Ecole centrale de l'Oise, jeune homme studieux, et qu'il savait employer ses heures de loisir à s'occuper de l'art musical, pour la théorie comme pour l'exécution en fait d'harmonie. C'était M. Hamel, devenu plus tard juge au tribunal de Beauvais, où il existe encore aujourd'hui, à l'âge de 95 années, en retraite comme magistrat, et, sans contredit, à Beauvais, le seul survivant de l'Ecole centrale.

Biot, appréciant ses connnaissances en l'art musical, s'est adressé à lui pour s'entretenir avec lui au sujet de l'*acoustique*. M. Hamel lui fit accepter de venir à Beauvais, mettant à sa disposition un laboratoire, un atelier, des ressources qui lui manquaient dans une campagne isolée.

Biot, s'étant procuré les instruments propres à faire des expériences, mit au rebut tout ce qu'il avait déjà écrit d'après plusieurs ouvrages ; démêlant le vrai d'avec le faux, il donna une théorie solide de la *propagation des sons*.

Ce travail consciencieux fait par un génie supérieur fit faire un nouveau pas à la science, et le *Traité de physique* de Biot est cité, sur ce sujet, par les physiologistes les plus distingués.

Singulier hasard ! Recevant chaque semaine le *Journal de Monaco*, j'y ai trouvé dernièrement (en juin 1879), un article où il était question de la musique d'église, des orgues, des perfectionnements qu'elles ont récemment reçus des constructeurs les plus habiles, par l'augmentation en nombre et les dimensions des tuyaux qui, étant plus élevés, donnent des sons bien plus forts et très-harmonieux. J'y trouvai le nom de *M. Hamel*, désigné comme ancien magistrat à Beauvais, mais devenu, par goût, grand musicien, qui s'était fait constructeur d'orgues (1). L'orgue actuel de

______

(1) C'est une erreur du journal ; il n'a pas construit d'orgues, mais il s'est élevé par l'étude à de hautes idées qui ont éclairé et guidé les facteurs. L'industrie française lui est redevable de l'ouvrage,

la cathédrale de Beauvais était, disait-on, son chef-d'œuvre,
et il avait apporté dans l'art de construire les orgues de si
importantes innovations que le sien avait servi de modèle
aux constructeurs de Paris pour les nouvelles orgues de
Saint-Eustache et de Saint-Sulpice

J'ai mis cette feuille sous les yeux de mon vénérable ami,
en sorte que, sur la fin de ses jours, il a vu son nom figurer
dans un écrit sur les progrès des instruments d'acoustique,
dû, sans doute, à un artiste qui en possède bien l'histoire,
écrit publié hors de France en un lieu qui appartient au
monde le plus éclairé des arts.

8° L'initiative de Biot pour l'ouverture du premier chemin de fer en France, et son plein succès.

Sous le roi Louis XV, la rivière du Gier canalisée devint
le *canal de Givors*, qui s'ouvre dans un bourg de ce nom,
sur le Rhône, pour conduire à Lyon, par bateaux, les char-
bons et le fer extraits des mines du Forez (ancienne pro-
vince contenant Roanne, Montbrison, *Saint-Etienne*, aujourd'hui le chef-lieu du *département de la Loire*). Ce canal
fut, pour les manufactures lyonnaises, la source d'un grand
développement au moyen du combustible et des substances
minérales que cette voie de navigation y apporta.

En 1761, Zacharie, maître horloger à Lyon, l'avait fait
construire à ses frais, et sa famille en était devenue conces-
sionnaire par lettres-patentes. Il se forma une Société dont
les actions donnaient, avant la Révolution, un assez bon produit. On l'avait vu s'abaisser durant les guerres de la République et de l'Empire ; mais quelques années après la paix,
et sous la Restauration, cette Compagnie était redevenue
très-florissante, et le prix de ses actions s'était fort relevé.

---

en 2 vol., intitulé : « *Traité théorique et pratique*, L'ART DE CONS-
« TRUIRE LES ORGUES, contenant l'orgue de D. Bedos et tous les
« progrès et perfectionnements de la facture, jusqu'à nos jours,
« *précédé* d'une notice historique sur l'orgue, et *suivi* d'une biogra-
« phie des principaux facteurs d'orgues français et étrangers.
« Ouvrage orné d'un *atlas renfermant un grand nombre de planches*,
« par M. Hamel. » Librairie encyclopédique de Roret. — 1849.

Biot, qui en possédait plusieurs, faisait partie du conseil d'administration sous la présidence de M. Cailhava, homme de lettres. Un jour d'assemblée, Biot s'y présente et tient ce discours :

« Personne n'ignore plus qu'en Angleterre, il existe aujourd'hui des chemins garnis de rails en fer, et sur lesquels le transport par voitures s'effectue avec une merveilleuse rapidité.

« Notre canal a pour objet essentiel de livrer, par la navigation du Gier et du Rhône, aux manufactures de Lyon, la houille et le fer qu'on extrait des mines nombreuses du Forez ; mais, à cause des sentiers étroits et rapides de nos montagnes, ces matières n'arrivent que par petites charges et à dos de mulets à la rivière du Gier canalisée jusqu'à Givors. Maintenant, un chemin à rails pourrait être construit de Saint-Etienne à Givors ; les produits des mines y arriveraient sans difficulté, de plusieurs points, par voitures sur le chemin à rails, qui ferait une concurrence très-redoutable à la navigation ; pour éviter ce danger, je soumets à la Compagnie le projet de construire ce chemin de fer ; sans cela, je vous prédis qu'il s'exécutera prochainement et anéantira les produits de notre canal. »

Cette proposition souleva les plus violentes clameurs. Absurde ! absurde ! est-il répondu. Dans ce pays tout en montagnes que l'on franchit si péniblement, y aurait-il moyen d'ouvrir une voie telle que sur le sol de l'Angleterre, qui, aussi plat que celui de nos plaines de la Beauce ou de la Champagne, était facile à niveler.

Néanmoins, le conseil a mis le projet en délibération et n'a pas tardé à envoyer en Angleterre une commission chargée d'examiner les voies ferrées, d'y lever des plans, d'en faire la topographie, de connaître le coût des rails et autres dépenses, d'établir enfin la comparaison entre les élévations du sol anglais garni de rails et celles du pays depuis Saint-Etienne jusqu'à Givors. La conclusion de cette étude fut que la proposition n'était pas acceptable. Quelle que pût être la valeur des réponses de Biot, la Compagnie ne voulut rien entendre.

Incompris à ce point dans sa pensée sur les dangers

actuels de la Compagnie, et malgré la part assez grande qu'il avait dans les produits, Biot oublia tout-à-coup ses intérêts, les sacrifiant avec générosité à ceux du pays, en vue des avantages qu'offrirait à l'industrie lyonnaise et aux entreprises si nombreuses entre le Rhône et la Loire, l'exécution d'une grande ligne de chemin de fer. Dans sa nouvelle conception, il ne s'agira plus de faire un chemin de Saint-Etienne à Givors; il le conduirait de Saint-Etienne à Lyon, ce qui serait encore plus funeste pour le canal.

Pour l'exécution de ce projet, Biot avait à sa disposition son beau-frère, M. Brisson, de Beauvais, alors inspecteur divisionnaire des ponts et chaussées, qui a accepté d'en faire les études. Il dressa les plans, lieu par lieu, en y signalant la hauteur des montagnes, la longueur des vallées à suivre et la dépense qu'entraîneraient les travaux dans les détails et l'ensemble. Cette savante étude devint la base d'un projet mis en adjudication, ouverte aux entrepreneurs de grands travaux, et qui serait tranchée au profit de celui qui ferait le plus fort rabais sur les prix de transport.

Après les publications d'usage, les frères Séguin, ingénieurs civils, devinrent les adjudicataires, à un prix fort modique de 7^c 1/2 par kilomètre et par tonne, lequel fut élevé plus tard, par ordonnance royale, à 11^c. Ils représentaient une Compagnie dont le président était M. Comté, pair de France, et le vice-président, son gendre, le baron Thénard, avec M. Biot et d'autres hommes de distinction. La pensée de cette entreprise appartenant à Biot père, elle eut pour directeur son fils, jeune homme fort laborieux, et que des travaux littéraires avaient déjà fait nommer *membre de l'Académie des Inscriptions et Belles-Lettres*.

L'adjudication devait être approuvée par ordonnance royale.

La Compagnie du canal n'omit point d'y faire opposition au Conseil d'Etat, soutenant que cette entreprise était irréalisable, surtout au prix modique de la soumission, que les actionnaires s'y verraient bientôt déconfits; cette déroute, disait-on, entraînerait celle d'autres Compagnies par actions, et serait compromettante pour le crédit public, dont l'Etat devait être le soutien. Mais l'échec fut complet pour le canal, devant le Conseil d'Etat.

C'est ainsi que le premier chemin de fer ouvert en France, celui de Saint-Etienne à Lyon, par Saint-Chamans, Rive-de-Gier et Givors, fut l'heureux résultat de la pensée et d'une ferme résolution de Biot père, qui avait triomphé de bien des contradictions, des obstables et d'un procès en Conseil d'Etat.

Il m'a semblé que j'avais bien quelque droit à faire cette histoire ; car, étant connu de Thénard et Biot, comme leur ancien élève, à l'Ecole Normale, mais étant devenu avocat au Conseil d'Etat et à la Cour de Cassation, ce fut moi qu'ils honorèrent de leur confiance, aussitôt que la nouvelle Société se trouva engagée dans d'autres litiges ; et, durant mon exercice dans le barreau, j'en ai toujours eu la clientèle.

Dès qu'elle me fût offerte, je n'ai pas tardé à me rendre au chemin de fer, pour le parcourir de Lyon à Saint-Etienne ; les wagons étaient encore tirés sur les rails par des chevaux ; et c'est là que j'ai, pour la première fois, traversé des tunnels, par lesquels fut gagnée la cause contre la difficulté de gravir des montagnes.

Dans les commencements de l'exploitation, les procès les plus importants que la Compagnie du chemin de fer ait eu à soutenir, furent, d'une part, la prétention de la Compagnie des messageries Lafitte et Caillard à une indemnité, en raison de la concurrrence que la voie ferrée lui causait, dans son monopole du transport des voyageurs sur des routes voisines, royales et départementales ; d'autre part, la même prétention fut soulevée et soutenue par les maîtres de poste, dont, en effet, l'industrie était bien mise à néant, à mesure que les chemins de fer ont sillonné nos diverses contrées. Mais toutes ces réclamations furent sans succès.

9° Le dernier acte de dévouement à l'étude et de courage afin d'atteindre son but.

En l'année 1852, Biot était sous le poids d'une grande douleur, ayant perdu son fils Edouard et sa femme, fidèle compagne d'une vie si laborieuse. Son fils avait laissé imparfait un Traité de l'histoire des sciences chez les Chinois : le *Tcheou-lie.*

Ne voulant pas se laisser vaincre par la douleur, le père chercha une distraction à ses tristes pensées en abordant un nouveau labeur, tout personnel, et qui fut poursuivi avec opiniâtreté, dans des sentiers pleins d'épines et quasi impénétrables.

Grâce à l'assistance de son collègue du Collège de France, et son ami, M. Julien, professeur de Chinois, Biot parvint à en vaincre les difficultés, aidé aussi de M. Lefort, son petit-gendre.

Tel est le tableau assez exact d'une vie des plus laborieuses et de tant de travaux et de voyages scientifiques que peut-être celle d'aucun autre savant ne l'a surpassée dans leur importance et leur nombre.

Avant la clôture de l'Ecole Centrale, M. Brisson, beaupère de Biot, qui possédait un cabinet de physique fort intéressant, l'avait légué à cette école; il fut dispersé après sa dissolution.

V. — Conclusion.

Peut-être se demandera-t-on combien de Recueils biographiques j'ai dû consulter pour réunir tant de renseignements sur les ouvrages et les faits personnels à Biot. Mais deux écrits seulement m'ont suffi pour les rassembler ainsi, écrits qui ont été publiés à Beauvais et assez répandus pour que quelques personnes en aient conservé quelque souvenir.

D'abord, en l'année qui a suivi celle de la mort de Biot, une Notice fut lue par M. Hamel, en la séance de l'Académie de l'Oise du 17 février 1863, éloge en 15 pages fort bien écrites et qui aura été inséré dans ses Mémoires de la même année.

L'autre écrit, dans lequel j'ai encore puisé, est la *Notice sur la vie et les travaux de J.-B. Biot,* de M. Lefort, imprimé à Paris en l'année 1868, ayant 46 pages in-8°.

J'y ai trouvé et collectionné les faits saillants en chaque ordre d'idées et de buts; j'en ai fait des nomenclatures par ordre de numéros et sans doute de quelque sécheresse. Aussi n'ai-je pas prétendu remplacer les pages d'excellent style, d'un chaleureux intérêt, inspirées par le sentiment filial le plus sincère et les souvenirs de l'amitié qu'on retrouvera dans ces deux Mémoires.

Enfin, je me crois autorisé à être, devant le Conseil municipal, l'interprète du vœu qui lui avait été présenté, en 1862, par le vénérable M. Hamel, pour que la rue du Metz prit le nom de *rue Biot,* vœu qui ne fut pas écouté et n'a pas eu son effet.

Et m'adressant à la fois à M. le Maire et aux Conseillers municipaux, d'une part, et à l'administration du Collège, d'autre part, je demande encore que, pour signaler à la postérité dans cette ville, le nom de Biot, il soit placé sur l'un des piliers de l'ancien cloître, formant la seconde cour du Collège, une inscription qui serait, à peu près, ainsi conçue :

« En 1792, fut établie dans ce bâtiment, sous la prési-
« dence de l'astronome *Cassini,* vice-président du Conseil
« général de l'Oise,

« *L'Ecole Centrale,* ayant pour professeurs : mathéma-
« tiques, *Biot;* physique et chimie, *Roard;* grammaire
« générale, *Géruset;* belles-lettres, *Boinvilliers;* législa-
« tion, *Peyre;* langues anciennes, *Pinch-Dez;* dessin,
« *Vanderbergh.*

« *Biot* a débuté dans l'enseignement des mathématiques,
« à l'âge de 23 ans. Il est devenu rapidement membre du
« *Bureau des Longitudes,* du *Collége de France,* de l'*Aca-*
« *démie des Sciences,* de l'*Académie des Inscriptions et*
« *Belles-Lettres,* de l'*Académie Française, officier de*
« *l'ordre de la Légion-d'Honneur.* »

Agréez, Messieurs, l'hommage de ma haute considération.

COTELLE Père,

Docteur en Droit, ancien Avocat au Conseil d'Etat
et à la Cour de Cassation, ancien Professeur de
Droit administratif à l'École des Ponts et Chaussées, Officier de la Légion-d'Honneur.

Beauvais. — Imprimerie D. PERE, rue Saint-Jean.